全国中等职业技术学校电子类专业

电子测量与仪器（第五版）习题册

中国劳动社会保障出版社

图书在版编目(CIP)数据

电子测量与仪器（第五版）习题册/朱彦齐主编. -- 北京：中国劳动社会保障出版社，2017

全国中等职业技术学校电子类专业

ISBN 978-7-5167-3308-0

Ⅰ.①电… Ⅱ.①朱… Ⅲ.①电子测量-中等专业学校-习题集②电子测量设备-中等专业学校-习题集 Ⅳ.①TM93-44

中国版本图书馆 CIP 数据核字(2017)第 302878 号

中国劳动社会保障出版社出版发行

（北京市惠新东街 1 号 邮政编码：100029）

*

北京昌联印刷有限公司印刷装订 新华书店经销

787 毫米×1092 毫米 16 开本 3.25 印张 76 千字

2017 年 12 月第 1 版 2024 年 11 月第 8 次印刷

定价：7.00 元

营销中心电话：400-606-6496

出版社网址：http://www.class.com.cn

http://jg.class.com.cn

目　录

模块一　电子测量基础 …………………………………………（1）

§1—1　电子测量概述 …………………………………………（1）

§1—2　测量误差及表示方法 …………………………………（2）

§1—3　测量结果的处理 ………………………………………（5）

模块二　电流与电压的测量 ……………………………………（8）

§2—1　直流电流表与电压表 …………………………………（8）

§2—2　交流电流表与电压表 …………………………………（11）

§2—3　钳形电流表 ……………………………………………（13）

§2—4　晶体管毫伏表 …………………………………………（15）

模块三　万用表 …………………………………………………（18）

§3—1　模拟式万用表 …………………………………………（18）

§3—2　数字式万用表 …………………………………………（22）

模块四　电阻的测量 ……………………………………………（24）

§4—1　电阻的测量方案和方法 ………………………………（24）

§4—2　直流电桥 ………………………………………………（25）

§4—3　兆欧表 …………………………………………………（27）

模块五　时间与频率的测量 ……………………………………（30）

§5—1　数字式频率计 …………………………………………（30）

§5—2　扫频仪 …………………………………………………（32）

模块六　测量用信号发生器 ……………………………………（35）

§6—1　低频信号发生器 ………………………………………（35）

§6—2　函数信号发生器 ………………………………………（37）

模块七　示波器与晶体管特性图示仪 …………………………（40）

§7—1　通用示波器 ……………………………………………（40）

§7—2　双踪示波器 ……………………………………………（43）

§7—3　晶体管特性图示仪 ……………………………………（45）

模块八　智能仪器 ………………………………………………（48）

模块一　电子测量基础

§1—1　电子测量概述

一、填空题

1．测量的目的是准确地获取被测参数的__________。

2．测量过程是将被测量与__________进行比较，从而取得用数值和单位共同表示的测量结果的过程。

3．测量结果＝__________＋__________。

4．电子测量是指在电子学中测量有关电的量值。它包括：（1）__________________；（2）__________________；（3）____________________；（4）__________________；（5）__________________。

5．用于______或______一个量或为测量目的供给一个量的______称为测量仪器。

6．通用电子测量仪器按显示方式可分为________和________两大类。

7．电子测量的方法主要有：(1) ____________；(2) ____________；(3) ____________。

8．根据被测量与度量器比较方式的不同，比较测量法可分为：（1）____________；（2）____________；（3）____________。

二、判断题

1．从广义上说，电子测量是指在电子学中测量有关电的量值。（　　）

2．电能量的测量包括对各种电压、电流、电功率的测量。（　　）

3．电子设备性能的测量包括对电路的放大倍数、灵敏度、通频带、噪声系数等技术指标的测量。（　　）

4．电子测量的明显特点是电子测量仪器的量程很小，测量速度快。（　　）

5．用直接法测量晶体管放大器的直流静态工作点。（　　）

6．用电桥测量电阻采用的是比较测量法。（　　）

7．通用电子测量仪器按显示方式可分为模拟式和数字式两大类。（　　）

三、选择题

1．电子测量的明显特点是（　　）。

A．易于实现遥测　　B．测量范围极小

C．电子测量仪器的量程很小　　D．电子测量准确度低

2．下列不属于电能量测量范围的是（　　）。

A．电压　　B．电流　　C．电功率　　D．电阻

3．用于检测或测量一个量或为测量目的供给一个量的器具称为（　　）仪器。

A．检测　　B．精密　　C．辅助　　D．测量

4．通用电子测量仪器按显示方式可分为（　　）两大类。

A．模拟式和数字式　　B．安装式和数字式

C．安装式和便携式　　D．便携式和数字式

5．伏安法测量电阻属于（　　）测量法。

A．直接　　B．间接　　C．比较　　D．代替

四、简答题

1．电子测量有哪些测量方法？电子测量具有哪些明显特点？

2．如果测量方法或测量仪器选择不当，可能出现哪些情况？

§1—2　测量误差及表示方法

一、填空题

1．测量结果与被测量实际值存在差异，这种差异称为__________。

2．根据产生测量误差的原因不同，测量误差可分为__________、__________和__________三大类。

3．仪表本身不完善而造成的基本误差，属于__________。

4．__________是一种由偶发原因造成的大小和符号都不固定的误差，又称为随机误差。

5．__________是一种严重歪曲测量结果的误差，又称为粗大误差。

6. 正负误差补偿法是对同一被测量进行__________，使测量结果中的系统误差一次为正、一次为负，取其结果的__________后，就能消除这种__________。

二、判断题

1. 通常将相应的校正值引入到测量结果中，以消除系统误差。 （ ）
2. 测量次数越多，偶然误差的算术平均值就越接近于实际值。 （ ）
3. 测量中读数错误、记录错误、算错数据等都属于疏失误差。 （ ）
4. 测量次数越多，所测数据的算术平均值就越接近于实际值。 （ ）
5. 采用替代法能消除仪表由于外磁场影响而引起的系统误差。 （ ）
6. 测量误差是不可避免的，任何时候都存在误差。 （ ）
7. 系统误差反映在一定条件下误差出现的必然性，偶然误差则反映在一定条件下误差出现的可能性。 （ ）
8. 系统误差越小，测量结果的准确度就越高。 （ ）
9. 偶然误差越小，精密度就越高。 （ ）
10. 测量时，系统误差和偶然误差只会出现一种，不会同时出现在测量结果中。 （ ）

三、选择题

1. 仪表受外磁场的影响而产生的误差通常采用（ ）来消除。

A. 间接法　B. 直接法　C. 代替法　D. 正负补偿法

2. 产生误差的原因有（ ）。

A. 人的原因　B. 仪器的原因

C. 外界条件的原因　D. 以上都是

3. 系统误差具有（ ）。

A. 积累性　B. 抵消性　C. 规律性　D. 以上都是

4. （ ）误差不能用简单计算或一般观测方法来消除，只能改进测量方法并合理处理数据，以减少影响。

A. 偶然　B. 系统　C. 粗大　D. 基本

5. （ ）误差主要是测量仪器和工具构造不完善或矫正不完全造成的。

A. 偶然　B. 系统　C. 粗大　D. 基本

6. 下列不属于系统误差引起的原因的是（ ）。

A. 测量仪器　B. 测量方法　C. 环境因素　D. 人为因素

7. 实验室温度的随机波动、螺旋测微器测力在一定范围内随机变化、读数时的视差影响都属于（ ）误差。

A. 系统　B. 随机　C. 粗大　D. 人为

8. 下列关于多次测量得到的结果中的偶然误差说法错误的是（ ）。

A. 在一定的观测条件下，偶然误差的绝对值不会超过一定的限值

B. 绝对值小的误差比绝对值大的误差出现的机会少

C. 绝对值相等的正负误差出现的机会相等

D. 相同精度条件下，其算术平均值随着观测次数的无限增大而趋于零

四、简答题

1. 产生偶然误差的原因有哪些？如何消除？

2. 举例说明仪表受外磁场的影响而产生的误差如何消除。

3. 产生系统误差的原因有哪些？如何消除？

§1—3　测量结果的处理

一、填空题

1. 处理测量数据通常使用的方法有________、________和___________。
2. ________是图示法和经验公式法的基础。
3. 图示法要注意连接的曲线________、________，并选取合适的图形________。
4. 等精密度测量可能同时包含________、________、________。
5. 在等精密度重复测试中，测试列的最佳可信赖值是________。

二、判断题

1. 超过均方根误差3倍的测量值对均方根无影响。（　　）
2. 测试精度越高，精密度越高。（　　）
3. 方法误差属于系统误差。（　　）
4. 测量结果的报告值包括测量结果和测量误差。（　　）
5. 由于误差是测量结果减去被测量的真值，所以误差是准确值。（　　）
6. 测量误差可以表示被测量值的分散性。（　　）
7. 测量结果减去修正值是测量误差。（　　）
8. 标准量具不存在误差。（　　）
9. 系统误差是在测量过程中始终不变的误差。（　　）

三、选择题

1. 已知修正值为0.003 mm，则系统误差为（　　）。
   A. 0.003 mm　　B. −0.003 mm　　C. 0.003 m　　D. ±0.003 mm
2. 245.67 + 4.591 =（　　）。
   A. 250.26　　B. 250.2　　C. 250.261　　D. 250.3
3. 25.626 × 1.06 =（　　）。
   A. 27.16　　B. 27.163　　C. 27.163 6　　D. 27.163 56
4. 3.140 59保留4位有效数字是（　　）。
   A. 3.141　　B. 3.140 6　　C. 3.140 59　　D. 3.14
5. 36.080有（　　）位有效数字。
   A. 2　　B. 3　　C. 4　　D. 5
6. 指针式仪表的准确度等级是根据（　　）误差划分的。
   A. 绝对　　B. 方根　　C. 疏失　　D. 引用
7. 测量误差是（　　）。
   A. 测量结果减去参考值　　B. 测量结果减去修正值
   C. 测量结果除以约定真值　　D. 测量结果减去被测量的真值

8. 方差是表示测量的可信度或品质高低的特征量，即描述随机变量的（　　）。

A. 分散性　　B. 离散性　　C. 真实性　　D. 正确性

9. 用代替法检定标准电阻时，测量误差属于（　　）分布的随机误差。

A. 均匀　　B. 离散　　C. 反正弦　　D. 三角

10. 线性系统误差的消除方法是（　　）。

A. 对称法　　B. 代替法　　C. 抵消法　　D. 交换法

四、简答题

1. 简述假设系统误差已经消除的情况下，等精密度测量数据的处理步骤。

2. 什么是量的真值？它有哪些特点？在实际测量中如何确定？

五、计算题

1. 将下列数据保留两位有效数字：0. 720，3. 161 5，6.02×10^{23}，0. 001 314。

2. 对某线段测量 6 次，结果为 312. 581 m、312. 546 m、312. 551 m、312. 532 m、312. 537 m、312. 499 m，试求其算数平均值。

3．测得某一被测件的长度为50 mm，已知其最大绝对误差为1 μm，该被测件的真实长度为多少？

4．在测量某一被测件的长度时，读数值为2. 31 m，其最大绝对误差为20 μm，试求其最大相对误差。

模块二　电流与电压的测量

§2—1　直流电流表与电压表

一、填空题

1. 直流电流表和电压表的核心是________________，也称为__________。
2. 磁电系测量机构主要由固定的________和可动的________组成。
3. 固定磁路系统主要包括______、________________和________________。
4. 固定磁路系统的作用主要是产生一个很强的______磁场。
5. 磁电系测量机构是根据通电线圈在磁场中受到________而发生偏转的原理制成的。
6. 磁电系测量机构可动部分的稳定偏转角 α 与通过线圈的电流 I 成______。
7. 直流电流表一般都是由磁电系测量机构与分流电阻____组成的。
8. 磁电系测量机构的主要参数有__________和________。
9. 要使电流表量程扩大 n 倍，所并联的分流电阻 R_A 应为测量机构内阻 R_C 的____倍。
10. 分流电阻一般采用电阻率较大、电阻温度系数____的锰铜制成。
11. 多量程直流电流表分流电路分为______和______两种。
12. 按测量方式不同，直流电流的测量可分为__________和__________两种。
13. 如果将电流表错接成并联，会造成__________，并烧毁电流表。
14. 要使电压表量程扩大 m 倍，所串联的分压电阻 R_V 应为测量机构内阻 R_C 的______倍。
15. 多量程直流电压表由磁电系测量机构与不同阻值的分压电阻______组成。

二、判断题

1. 磁电系测量机构中的可动部分主要是一个通电线圈。（　）
2. 可动线圈所用导线的直径都非常小，但机械强度很高。（　）
3. 磁电系测量机构中游丝只用来产生反作用力矩。（　）
4. 一般的磁电系测量机构中都装有前后（或上下）两根游丝，它们的螺旋方向相同。（　）
5. 磁电系测量机构中的阻尼力矩一般由铁制线圈框产生。（　）
6. 磁电系测量机构中，通过线圈的电流越大，转矩越大，仪表指针偏转的角度 α 也越大。（　）
7. $S_I=\dfrac{\alpha}{I}$ 称为磁电系测量机构的灵敏度。（　）

8. 磁电系仪表准确度高，灵敏度高，消耗功率也大。 ( )

9. 磁电系仪表既可测量直流，也可测量交流。 ( )

10. 由于多量程直流电流表各量程之间相互影响，因此，计算分流电阻较复杂。 ( )

11. 电流表应串联接在被测电路的低电位端。 ( )

12. 测量时，电压表和电流表的指针要指在满刻度的前三分之一段。 ( )

13. 扩大电压量程的方法通常是给测量机构串联一只分压电阻。 ( )

14. 直流电压表量程高于600 V时，应采用内附式。 ( )

15. 直流电压表低量程分压电阻损坏，对高量程电压挡无影响。 ( )

16. 电压表的内阻等于测量机构的内阻与分压电阻之和。 ( )

17. 同一块电压表，其电压量程越高，内阻越大。 ( )

18. 通过电压灵敏度能方便地计算出电压表各量程的内阻。 ( )

三、选择题

1. 磁电系测量机构中，可动线圈是通过（ ）与外部被测电路连接的。

A. 游丝 B. 磁路系统 C. 可动线圈 D. 极掌

2. 极掌与圆柱形铁芯之间留有很小的空隙，便于（ ）在空隙中转动。

A. 游丝 B. 磁路系统 C. 可动线圈 D. 极掌

3. 为了提高仪表灵敏度，可动线圈要尽可能地（ ）一些。

A. 轻 B. 重 C. 长 D. 短

4. 磁电系测量机构中，电流在磁场中受到电磁力的作用而产生（ ），能有效抑制可动线圈的反复摆动。

A. 重力 B. 牵引力 C. 阻尼力矩 D. 摩擦力

5. 磁电系测量机构可动部分的稳定偏转角 α 与通过线圈的电流 I 成（ ）。

A. 正比 B. 反比 C. 指数 D. 无法确定

6. 有一内阻为1 000 Ω、满刻度电流为100 μA的磁电系测量机构，要将其改制成量程为2 A的直流电流表，应并联（ ）Ω的分流电阻。

A. 1 B. 2 C. 0.1 D. 0.2

7. 当被测电流超过30 A时，分流电阻一般采用（ ）。

A. 内附分流器 B. 外附分流器 C. 混合分流器 D. 无法确定

8. 有一电压量程（即 $U_C = I_C R_C$）为50 mV的磁电系测量机构，要将其改制成量程为50 A的电流表，应选择（ ）的外附分流器与测量机构并联。

A. 额定电压为50 mV、额定电流为50 A

B. 额定电压为500 mV、额定电流为50 A

C. 额定电压为50 mV、额定电流为500 A

D. 额定电压为500 mV、额定电流为500 A

9. 下列说法正确的是（ ）。

A. 电流表应串联接在被测电路的低电位端，从“+”端流入、“-”端流出

B. 电流表应串联接在被测电路的高电位端，从“+”端流入、“-”端流出

C. 电流表应串联接在被测电路的低电位端，从“ - ”端流入、“ + ”端流出

D. 电流表应串联接在被测电路的高电位端，从“ - ”端流入、“ + ”端流出

10. 直流电压表是根据（　　）电阻具有（　　）作用的原理制成的。

A. 串联　分压　B. 串联　分流　C. 并联　分压　D. 并联　分流

11. 有一内阻为 500 Ω、满刻度电流为 100 μA 的磁电系测量机构，要将其改制成量程为 50 V 的直流电压表，应选择（　　）Ω 电阻。

A. 499 500　B. 49 950　C. 500 500　D. 50 050

12. 下列关于电压灵敏度说法不正确的是（　　）。

A. 各量程内阻与相应电压量程的比值不为常数

B. 表示电压表指针偏转至满刻度时取自被测电路的电流值

C. 能方便地计算出该电压表各量程的内阻

D. 电压灵敏度为 10 kΩ/V，在 10 V 挡时电压表内阻为 100 kΩ

13. 用电压表测电压时，下列说法不正确的是（　　）。

A. 当不知道被测电压的大致数值时，应先从最大量程开始试测

B. 电压表指针指在满刻度的后三分之一段范围内时才开始读数

C. 测量直流电压时，电压表“ + ”端接高电位端，“ - ”端接低电位端

D. 将电压表接成串联，对测量结果无影响

四、计算题

1. 如图 2—1—1 所示，内阻为 500 Ω、满刻度电流为 100 μA 的磁电系测量机构，要改制成量程为 20 V、30 V、50 V 的多量程直流电压表，R1、R2、R3 的值应为多大？

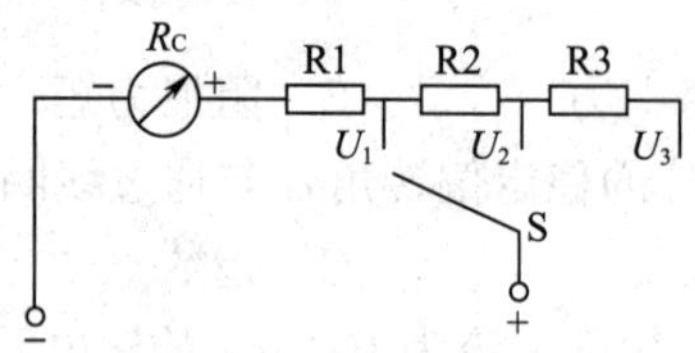

图 2—1—1

2. 内阻为 1 000 Ω、满刻度电流为 100 μA 的磁电系测量机构，若要将其改制成 5 A 多量程的直流电流表，应并联多大电阻？

§2—2 交流电流表与电压表

一、填空题

1. 交流电流表与电压表的测量机构多采用________测量机构和________测量机构两种。

2. 电磁系测量机构主要由通过被测电流的__________和可动__________组成。根据其结构形式的不同，可分为______型和______型。

3. 整流系仪表由磁电系测量机构和______组成。其中，________________是整个仪表的核心。

4. 电磁系测量机构指针的偏转角 α 与被测电流的______成正比，标度尺刻度不均匀。

5. 电磁系仪表由于整个磁路几乎没有铁磁材料，易受________影响。

6. 作为电压表，一般要求通过固定线圈的电流很______，表内固定线圈的匝数一般较______。

7. 常见的整流系交流电流表内部电路有__________和__________两种形式。

8. 整流系交流电压表按照整流电路的形式可分为________和桥式________两大类。

9. 交流电压表______在被测电路两端，测量 600 V 以上的电压时，一般要配合__________进行接线。

10. 一般情况下，电磁系电流表的量程______，线圈导线越粗，匝数越______。

二、判断题

1. 电磁系测量机构游丝的作用只是产生反作用力矩，而不通过电流。 （ ）

2. 整流系交流电压表的读数是正弦交流电压的有效值。 （ ）

3. 磁屏蔽是将测量机构装在用导磁良好的材料做成的屏蔽罩内。 （ ）

4. 整流系仪表既可用来测量交流电，又能测量直流电。 （ ）

5. 电磁系电流表扩大量程一般都采用将固定线圈分成两段，然后利用分段线圈的串、并联来实现。 （ ）

6. 安装式电磁系电压表通常都做成单量程的，一般最大量程不超过 600 V。 （ ）

7. 常用的家庭供电电压是交流 220 V，用交流电压表测量时应选 250 V 的电压量程。 （ ）

8. 整流系交流电流表和整流系交流电压表在测量时，都可利用电流互感器。 （ ）

三、选择题

1. 下列说法不正确的是（ ）。

A. 对于半波整流，$I_{有效}=2.22I_{平均}$

B. 在输入相同的条件下，半波整流电流有效值是全波整流电流的 2 倍

C. 整流系仪表具有灵敏度高、功率消耗小、标尺均匀等优点

D. 对于整流系仪表的全波整流电路，不管在外加电压的正半周还是负半周，表头

中都只有同一方向的电流通过

2. 排斥型测量机构指针在偏转过程中，不动部分是（　　）。

A. 可动铁片　　B. 游丝　　C. 阻尼片　　D. 线圈

3. 下列不属于电磁系仪表能测试大电流原因的是（　　）。

A. 电流不经过游丝而直接进入线圈

B. 绕制固定线圈的导线粗

C. 测量机构装在用导磁性能良好的材料做成的屏蔽罩内

D. 与互感器配合使用

4. 下列关于电磁系仪表的技术特性说法不正确的是（　　）。

A. 既可测量直流，又可测量交流

B. 可直接测量较大电流，过载能力强，并且结构简单，价格便宜

C. 标度尺刻度均匀，便于观测

D. 易受外磁场影响

5. 对于整流系仪表中的全波整流电路（见图 2—2—1），当 A、B 两端加上交流电压时，下列说法不正确的是（　　）。

A. 电压正半周时的极性 A 端为正、B 端为负，电流的途径为 A→R_V→VD1→表头→VD3→B

B. 电压负半周时的极性 B 端为正、A 端为负，电流的途径为 B→VD3→表头→VD1→R_V→A

C. 整流系仪表所指示的值应是交流电的平均值

D. 整流元件特性不太稳定，受周围环境温度的影响大

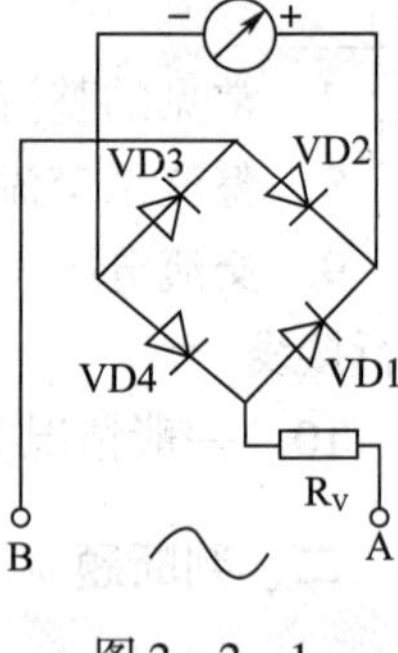

图 2—2—1

6. 便携式电磁系电流表两段线圈串联时仪表盘显示为 I，则两段线圈并联时，仪表盘应显示为（　　）。

A. $\frac{1}{2}I$　　B. I　　C. $2I$　　D. 无法确定

7. 在交流电流的测量中，电流互感器常用在（　　）的场合。

A. 直流电流较大　　B. 直流电流较小

C. 交流电流较大　　D. 交流电流较小

四、简答题

1. 简述电磁系仪表的优缺点。

2. 为什么平时测量直流电时都选用磁电系仪表而不选用电磁系仪表？

五、作图题

画出两种交流电流表的接线，并说明其使用场合。

§2—3 钳形电流表

一、填空题

1. 钳形电流表是一种用于测量________的电气线路电流大小的仪表，可在________情况下测量电流。

2. 钳形电流表按结构和工作原理的不同，分为______和电磁式两类，根据测量结果显示形式的不同，又可分为______和数字式两类。

3. 磁电系钳形电流表一般由__________、整流电路、____________、量程转换开关及________组成。

4. 使用钳形电流表时，应将被测电流的导线卡入钳口中。放松把手，使钳口______，将被测载流导线置于钳口______。

5. 电流读数 = 指针读数 × 选择量程/______。

二、判断题

1. 磁电系钳形电流表只能测量交流电流。 （ ）

2. 电磁系钳形电流表可以交、直流两用。 （ ）

3. 使用钳形电流表时，若无法估计被测电流的大小，则应从最大量程开始，逐步换成合适的量程。 （ ）

4. 使用钳形电流表时，应将被测载流导线置于靠近钳口的位置。（　　）

5. 不得在测量过程中切换钳形电流表的量程，以免造成二次侧瞬间开路，感应出高电压而出现事故。（　　）

6. 钳形电流表在测量前应平放，指针指在零位，若不在零位应调至零位。（　　）

7. 电磁系仪表可动部分的偏转方向与电流极性有关。（　　）

8. 测量频率较低的电流时，通常采用磁电系钳形电流表。（　　）

9. 由于钳形电流表可以带电测量，所以在测量时可以更换量程。（　　）

三、选择题

1. 测量完毕，一定要将仪表的量程开关置于（　　）量程位置上，以防下次使用时使用者疏忽而造成仪表损坏。

A. 最大　　B. 最小　　C. 中间　　D. 任意

2. 测量（　　）A 以下的较小电流时，为使读数准确，在条件允许的情况下，可将被测导线多绕几圈再放入钳口进行测量。

A. 2　　B. 3　　C. 4　　D. 5

3. 用钳形电流表测量带电导线时，通有被测电流的导线相当于电流互感器的（　　）侧，于是在（　　）侧就会产生感应电流。

A. 一次　　B. 二次　　C. 内　　D. 外

4. 下列属于磁电系钳形电流表测量范围的是（　　）的导线。

A. 通交流　　B. 通直流　　C. 金属裸露　　D. 不通电

5. 钳形电流表检测缺相运行电流时，测量时间（　　）。

A. 短　　B. 长

6. 测量时，钳形电流表与低压带电体之间的安全距离为（　　）。

A. 0.1～0.3 m　　B. 0.4～0.6 m　　C. 1 m 以上　　D. 2 m 以上

四、简答题

1. 简述钳形电流表的工作原理及使用方法。

2. 被测导线3次穿过铁芯口，满挡为5，所用量程为10 A，表针指示为1.2，试求实际电流值。

§2—4　晶体管毫伏表

一、填空题

1. 常见的电子电压表按电路结构不同可分为三类，即＿＿＿＿＿＿、＿＿＿＿＿＿和＿＿＿＿＿＿。

2. 直接检波式电压表的被测信号电压经＿＿＿＿＿后直接由指示器指示出被测电压的数值。

3. 检波—放大式电压表由＿＿＿、＿＿＿＿＿＿、＿＿＿和电源四部分组成。

4. 放大—检波式电压表中被测的交流信号先经＿＿＿后再检波，因而克服了检波器小信号＿＿＿＿＿＿的影响，提高了灵敏度，可以测量＿＿级的电压。

5. DA－16型晶体管毫伏表由高阻分压器、＿＿＿＿＿＿、低阻分压器、＿＿＿＿、＿＿＿＿、指示器和稳压电源七部分组成。

6. 当DA－16型晶体管毫伏表作电平表使用时，被测量的实际电平分贝数为＿＿＿＿＿＿＿＿与量程选择开关所示电平分贝数的＿＿＿。

二、判断题

1. DA－16型晶体管毫伏表使用时应与被测电路并联。（　）

2. 当使用晶体管毫伏表较高灵敏度挡时（毫伏级挡），应先接接地端，后接高压端；测量完毕拆线时，应先断开接地端，后拆去高压端。（　）

3. 电子电压表若长期不使用时应取出电池。（　）

4. 晶体管毫伏表所测交流电压中的直流分量不得大于100 V。（　）

5. DA－16型晶体管毫伏表在交流放大器前面采用射极跟随器作为阻抗变换器。（　）

6. 用晶体管毫伏表测电压时，若被测电压超过1 mV，就必须将信号衰减到≤1 mV后才允许输入放大器。（　）

7. 晶体管毫伏表在使用过程中，若测量信号幅度过大，则需要衰减后才允许接入输入端。（　）

8. 晶体管毫伏表在使用过程中，在接入被测电压时，被测电路的接地端应与晶体管毫

伏表输入端同轴电缆的屏蔽线相连接。（　　）

9. 当晶体管毫伏表量程开关置于“1”开头的量程位置时，读数时应读取其第二行刻度线。（　　）

三、选择题

1. 下列关于 DA－16 型晶体管毫伏表说法错误的是（　　）。

A. DA－16 型晶体管毫伏表属于放大—检波式电子电压表

B. 可进行大信号检波，从而产生良好的指示线性

C. 前置电路采用了两个串联的低噪声晶体管组成射极跟随器，从而获得低输入电阻及低噪声电平

D. 使用负反馈有效地提高了仪表的频率响应、指示线性与温度稳定性

2. 当被测信号输入晶体管毫伏表后，（　　）将信号进行适当衰减。

A. 高阻分压器　B. 低阻分压器　C. 放大电路　D. 检波电路

3. 被测信号电压经分压电路分压后，幅度≤1 mV，再送到（　　）进行电压放大。

A. 高阻分压器　B. 低阻分压器　C. 放大电路　D. 检波电路

4. 下列不属于放大器要求的是（　　）。

A. 有足够高的增益及足够宽的频带

B. 放大器增益必须稳定

C. 输入阻抗应足够小

D. 动态范围应足够宽

5. 使用晶体管毫伏表高灵敏度挡进行测量时，应避免输入端（　　），防止外来干扰使指针超出满刻度。

A. 开路　B. 短路　C. 断路　D. 以上都是

6. DA－16 型晶体管毫伏表的使用电源是（　　）V。

A. 6　B. 36　C. 110　D. 220

7. 图 2—4—1 所示为（　　）电子电压表电路。

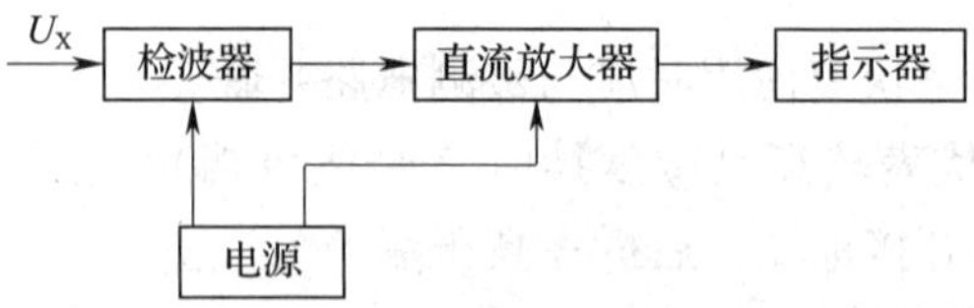

U_X → 检波器 → 直流放大器 → 指示器；电源 → 检波器、直流放大器

图 2—4—1

A. 直接检波式　B. 检波—放大式

C. 放大—检波式　D. 无法确定

8. 下列仪器中不采用电子电压表作为指示器的是（　　）。

A. 单臂电桥　B. 双臂电桥

C. 信号发生器　D. 多功能万用表

9. 仪表刻度显示 20 dB 指的是对信号衰减（　　）倍。

A. 2　B. 20　C. 10　D. 100

四、简答题

1. 简述电子电压表的特点。

2. 画出 DA－16 型晶体管毫伏表的原理方框图，并说明各部分的作用。

3. 接通 DA－16 型晶体管毫伏表电源，指示灯亮，但信号输入后表针不动，应如何处理？

4. 使用 DA－16 型晶体管毫伏表时，减少测量误差的措施有哪些？

模块三　万　用　表

§3—1　模拟式万用表

一、填空题

1. 常用的万用表有________式和________式两种，MF47 型万用表属于________万用表。

2. 一般情况下，万用表以测量______、______、______为主要目的。

3. 万用表主要由________、______和________三部分组成。

4. 万用表的灵敏度通常用__________来表示，其单位是____。

5. 万用表所用的转换开关中，固定触点叫____，可动触头叫____。

6. 万用表直流电流测量电路实质上就是一个____________________。

7. 万用表直流电压测量电路实质上就是一个____________________，它采用了________分压线路。

8. 把由_____________和________组成的仪表称为整流系仪表。

9. MF47 型万用表的交流电压测量电路采用了______整流电路，其中，与测量机构串联的二极管称为__________，作用是____；另一只二极管称为________，作用是____。

10. 欧姆表的有效使用范围在__________________的刻度范围内，超出该范围将会引起____________。

11. 扩大万用表欧姆量程的措施有：（1）保持电池电压不变，___________________，该措施适用于________的低阻挡；（2）______________，该措施适用于________的高阻挡。

12. 在使用万用表之前，要先进行___________，在测量电阻之前，还要进行__________。

13. 选择万用表电流或电压量程时，最好使指针处在标度尺______________的位置；选择电阻量程时，最好使指针处在标度尺的______位置，这样做的目的是为了__________。

14. 使用万用表测量电流时，当不能确定被测电流的大致范围时，应将转换开关转到______________位置，然后根据____________逐步减小至合适量程。

15. 在进行较高电压测量时，一定要注意______和______的安全。在进行高电压及大电流测量时，不能______________，否则有可能__________。

16. 万用表常见故障包括__________和__________。

17. 阅读万用表电路时，一般先阅读________测量电路，然后依次阅读__________测量电路、________测量电路、_____测量电路。

18. 阅读电流、电压测量电路时，应从_____出发，经过_______到达_______；阅读电阻测量电路时，应从__________出发，经过_______、__________，最后回到_______。

19. 如果万用表直流电压挡各挡读数都偏大，其原因可能是_______，使分压电阻阻值变____，排除方法是_________。

二、判断题

1. 万用表所用测量机构的满偏电流越大越好。 （ ）
2. 万用表的转换开关大多采用多刀多掷开关。 （ ）
3. 万用表的测量机构应采用电磁系直流微安表。 （ ）
4. 万用表以测量电感、电容、电阻为主要目的。 （ ）
5. 万用表的电压灵敏度越高，其电压挡内阻越大，对被测电路工作状态影响越小。 （ ）
6. 万用表的测量机构一般采用交直流两用的仪表，以满足不同测量的需要。 （ ）
7. 万用表的基本工作原理主要是建立在欧姆定律的基础之上。 （ ）
8. 磁电系测量机构与整流装置配合组成整流系仪表。 （ ）
9. 万用表测电阻的实质是测电流。 （ ）
10. 万用表交流电压挡的电压灵敏度比直流电流挡的高。 （ ）
11. 万用表交流电压测量电路是在整流系仪表的基础上串联分流电阻组成的。 （ ）
12. 万用表欧姆量程的扩大是通过改变欧姆中心值来实现的。 （ ）
13. 万用表欧姆挡可以测量 $0 \sim \infty$ 之间任意阻值的电阻。 （ ）
14. 严禁在被测电阻带电的情况下，用万用表欧姆挡测量电阻。 （ ）
15. 测量电气设备的绝缘电阻，应使用万用表的 R×10 k 挡。 （ ）
16. 万用表使用完毕，最好将转换开关置于最大电流挡或空挡。 （ ）
17. 直流电阻挡是万用表的基础挡。 （ ）
18. 检查直流电阻挡故障时，应从正表笔出发，经测量电路到达负表笔。 （ ）
19. 使用万用表时，其直流电压挡的 10 V 挡正常、50 V 挡指针不动，原因可能是 50 V 挡所用的分压电阻开路。 （ ）
20. 用万用表电阻挡测量电阻时，若指针不动，则说明测量机构已经损坏。 （ ）

三、选择题

1. 万用表的测量机构通常采用（ ）。

A. 磁电系直流毫安表　　B. 交直流两用电磁系直流毫安表

C. 磁电系直流微安表　　D. 交直流两用电磁系直流微安表

2. 万用表测量线路所使用的元件主要有（ ）。

A. 游丝、磁铁、线圈等　　B. 转换开关、电阻、二极管等

C. 转换开关、磁铁、电阻等　　D. 电阻、二极管等

3. 转换开关的作用是（ ）。

A. 把各种不同的被测电量转换为微小的直流电流

B. 把过渡电量转换为指针的偏转角

C. 把测量线路转换为所需要的测量种类和量程

D. 把过渡电量转换为所需要的测量种类和量程

4. 万用表的交流电压测量电路是在（　　）的基础上组成的。

A. 直流电压挡　B. 交流电压挡　C. 电阻挡　D. 直流电流挡

5. 整流系仪表主要用于测量（　　）。

A. 直流电　B. 交流电　C. 交直流两用　D. 高频电流

6. 在万用表交流电压测量电路采用半波整流电路的情况下，与测量机构串联的二极管的作用是（　　）。

A. 整流　B. 滤波　C. 检波　D. 保护整流二极管

7. 万用表交流电压挡的读数是正弦交流电的（　　）。

A. 最大值　B. 瞬时值　C. 平均值　D. 有效值

8. 万用表欧姆标度尺中心位置的值表示（　　）。

A. 欧姆表的总电阻　B. 欧姆表的总电源

C. 该挡欧姆表的总电阻　D. 该挡欧姆表的总电源

9. 一般万用表的 R × 10 k 挡是采用（　　）的方法来扩大欧姆量程。

A. 改变分流电阻值

B. 提高电池电压

C. 保持电池电压不变，改变分流电阻值

D. 降低电池电压

10. 欧姆表的标度尺刻度是（　　）。

A. 与电流表刻度相同，而且是均匀的

B. 与电流表刻度相同，而且是不均匀的

C. 与电流表刻度相反，而且是均匀的

D. 与电流表刻度相反，而且是不均匀的

11. 万用表欧姆挡的“-”端钮与（　　）相接。

A. 内部电池的负极　B. 内部电池的正极

C. 测量机构的负极　D. 测量机构的正极

12. 万用表使用完毕，最好将转换开关置于（　　）。

A. 随机位置　B. 最高电流挡

C. 最高直流电压挡　D. 最高交流电压挡

13. 用万用表欧姆挡测量电容器时，若发现表针指到零位不再返回，则说明（　　）。

A. 电容器已经开路　B. 电容器已被击穿

C. 电容器容量太大　D. 电容器容量太小

14. 用万用表电流挡测量被测电路的电流时，万用表应与被测电路（　　）。

A. 串联　B. 并联　C. 短接　D. 断开

15. 万用表的基础挡是（　　）。

A. 直流电流挡　B. 直流电压挡

C. 交流电压挡　　　　　　　　　　D. 电阻挡

16. 若万用表的直流电压挡损坏，则（　　）也不能使用。

A. 直流电流挡　　　　　　　　　　B. 电阻挡

C. 交流电压挡　　　　　　　　　　D. 整个万用表

17. 调节万用表欧姆调零器，其指针调不到零位，说明（　　）。

A. 电池电压高于 1.5 V　　　　　　B. 电池电压低于 1.3 V

C. 被测电阻太小　　　　　　　　　D. 被测电阻太大

四、简答题

1. 万用表一般由哪几部分组成？各部分的作用是什么？

2. 为什么说“直流电流挡是万用表的基础挡”？

3. 使用万用表时如何正确选择量程？

4. 如何检查万用表直流电流挡的故障？

§3—2 数字式万用表

一、填空题

1. 数字式万用表主要由__________、__________、__________三部分组成。

2. 数字式万用表测量直流电流的原理是：利用被测电流在________上产生压降，并以此作为数字电压基本表的_________，通过______________显示出被测电流的大小。

3. 在数字式万用表中，为提高测量交流信号的________和________，一般采用先将被测交流电压______后，经线性____________________________变成_____________，再送入电压基本表进行显示的方法。

二、判断题

1. 数字式万用表直流电压测量线路是利用分压电阻来扩大电压量程的。 (　　)
2. 数字式电压基本表的输出电阻极大，故可认为开路。 (　　)
3. 数字式万用表一般采用比例法测电阻。 (　　)
4. 利用数字式万用表的二极管挡可以测量二极管的正向压降。 (　　)
5. 严禁在被测电路带电的情况下用数字式万用表测量电阻。 (　　)
6. 数字式万用表的电阻挡可以用来检查晶体管的好坏。 (　　)
7. 数字式万用表一般只能测试小功率的晶体管。 (　　)
8. 用数字式万用表测量二极管时，显示器显示的数字若是 0.15 V，则可判断该管是硅管。 (　　)

三、选择题

1. 数字式万用表中的快速熔丝管起（　　）保护作用。

   A. 过载　　B. 过压　　C. 短路　　D. 欠压

2. 数字式直流电流表由数字式电压基本表与（　　）组成。

   A. 分压电阻串联　　B. 分流电阻串联

   C. 分压电阻并联　　D. 分流电阻并联

3. 数字式直流电流表中分流电阻的作用是（　　）。

   A. 分流　　B. 分压

   C. 将电流转换为电压　　D. 将电压转换为电流

4. 用数字式万用表测量二极管时，若显示为 0.150 ~ 0.300 V，则表示该二极管（　　）。

   A. 已被击穿　　B. 内部开路　　C. 为锗管　　D. 为硅管

5. 数字式万用表转换开关置于“欧姆”量程时，有（　　）。

   A. 红表笔带正电，黑表笔带负电

   B. 红表笔带负电，黑表笔带正电

C. 红、黑表笔都带正电

D. 红、黑表笔都不带电

四、简答题

1. 数字式电压表由哪几部分组成？各部分的作用是什么？

2. 若将数字式万用表的电源开关拨到“ON”位置，液晶显示器无显示，应如何处理？

模块四　电阻的测量

§4—1　电阻的测量方案和方法

一、填空题

1．工程中，通常将电阻按阻值的大小分为______电阻、______电阻和______电阻。

2．按获取测量结果的方式来分类，测量电阻的方法有________、________和________三类。

3．伏安法测电阻能测量______状态下电气元器件的电阻值，尤其适用于对__________电阻的测量，但测量______较大。

4．伏安法的测量电路有电压表________、________两种接法。

5．伏安法测电阻的缺点是：不但__________，而且____________；优点是：________________________。

6．由于二极管的反向电阻很______，故应选择电压表______接的接线方式。

二、判断题

1．导电电阻与电流有关，电流越大，电阻越小。（　　）

2．通常 1 MΩ 以上的电阻称为大电阻。（　　）

3．测量大电阻通常采用双臂电桥法。（　　）

4．一般情况下，测量同一电阻时单臂电桥法比伏安法得到的测量值准确度高。（　　）

5．测量接地电阻时，兆欧表能直接读数，使用方便。（　　）

三、选择题

1．下列关于电阻说法正确的是（　　）。

A．导电电阻越大，表示对电流的阻碍作用越小

B．导电电阻越大，表示对电流的阻碍作用越大

C．导电电阻与电流有关，电流越大，电阻越小

D．导电电阻与电流有关，电流越大，电阻越大

2．使用伏安法测电阻时，分别采用电压表前接电路和后接电路，测量某电阻 R_x 的阻值分别为 R_1 和 R_2，则测得的 R_1、R_2 和 R_x 之间的关系为（　　）。

A．$R_1>R_x>R_2$　B．$R_1<R_x<R_2$　C．$R_1>R_2>R_x$　D．$R_1<R_2<R_x$

3．使用万用表的欧姆挡测电阻时，如果两手同时接触两表笔的金属杆，则造成测量误差（　　）。

A. 比真实值大　B. 比真实值小　C. 与真实值相等　D. 无法确定

4. 下列不适用于测量中值电阻的是（　）。

A. 万用表　B. 伏安法　C. 单臂电桥　D. 双臂电桥

四、简答题

1. 什么情况下应使用电压表前接电路？为什么？

2. 什么情况下应使用电压表后接电路？为什么？

五、计算题

某电阻允许通过的最大电流是 2 A，把它接在 36 V 电路中，通过的电流是 0.5 A，是否可接在 220 V 的电路中？试写出其推导过程并说明理由。

§4—2 直 流 电 桥

一、填空题

1. 电桥按照所测量的对象主要分为________和________两大类，________又分为单臂电桥和双臂电桥，________又分为电容电桥和电感电桥。

2. 和万用表相比，直流单臂电桥也适用于测量________的中值电阻。

3. 电桥平衡时，检流计指针为______，被测电阻等于________乘以________的值。

4. QJ23 型直流单臂电桥电源电压为直流______，面板上有______个读数盘，可得到__________范围内的任意电阻值，最小步进值为______。

5. 直流双臂电桥又称为______，是专门用来精密测量__________的仪器。

6. 直流双臂电桥接入被测电阻时，应采用______和______的导线连接，接线间不得绞合。

7. 直流双臂电桥在测量前，指零仪的灵敏度调节旋钮应置于______位置，使电桥初步______后再增加其灵敏度。

8. 直流双臂电桥能较好地消除______电阻和______电阻的影响，在测量小电阻时能够获得较高的测量准确度。

二、判断题

1. 使用 QJ23 型直流单臂电桥时，可从面板左上角标有“B”的两个端钮接入外接电源，没有极性限制。（　　）

2. 电桥电路接通后，若检流计指针向“＋”方向偏转，应增大比较臂电阻。（　　）

3. 直流双臂电桥与直流单臂电桥都应先校零再测量，平衡时检流计指零位。（　　）

4. 直流单臂电桥可以较好地消除接触电阻和接线电阻的影响，测量准确度高。（　　）

5. 用直流双臂电桥测量小电阻时，可同时按下（或松开）电源按钮和检流计按钮。（　　）

6. 直流双臂电桥工作时电流大，故测量时动作要快。（　　）

7. 直流单臂电桥是一种专门测量中值电阻的高精度仪器。（　　）

8. 直流双臂电桥是一种专门测量小电阻的高精度仪器。（　　）

三、选择题

1. 下列关于 QJ23 型直流单臂电桥说法不正确的是（　　）。

A. 它是采用惠斯登电桥线路、内附指零仪的便携式直流电桥

B. 由倍率表、测量盘、内附指零仪及电源等部分组成

C. 在使用时，要对指零仪进行机械调零

D. 在进行阻值测量时，应让“×1 000 Ω”测量盘示值为 0，以确保测量精度

2. 用直流单臂电桥测量一阻值为 15 Ω 的电阻，为了获得较好的测量结果，应选取（　　）比例臂。

A. 0. 001　　B. 0. 01　　C. 0. 1　　D. 1

3. QJ23 型直流单臂电桥电源支路上串联有电源按钮 SB2 及（　　）Ω 的限流电阻，以防止电流过大。

A. 10　　B. 15　　C. 20　　D. 30

4. 下列不属于直流双臂电桥测量范围的是（　　）。

A. 用于测量金属棒、电缆、导线等的电阻值

B. 检查电流汇流排、金属壳体等焊接质量的好坏

C. 对各类型电机、变压器绕组的直流电阻测量和温升试验等

D. 用于测量 10 Ω 以上的电阻

5. 下列不是 QJ23 型直流单臂电桥与 QJ44 型直流双臂电桥共有部分的是（　　）。

A. 检流计　　B. 比例臂　　C. 滑线读数盘　　D. 电源按钮

6. 用直流单臂电桥测电阻时，应（　　）。

A. 先按下电源按钮，再按下检流计按钮

B. 先按下检流计按钮，再按下电源按钮

C. 同时按下检流计和电源按钮

D. 不分先后，随意按下检流计和电源按钮

四、简答题

1. 参考图 4—2—1，简述直流单臂电桥的工作原理。

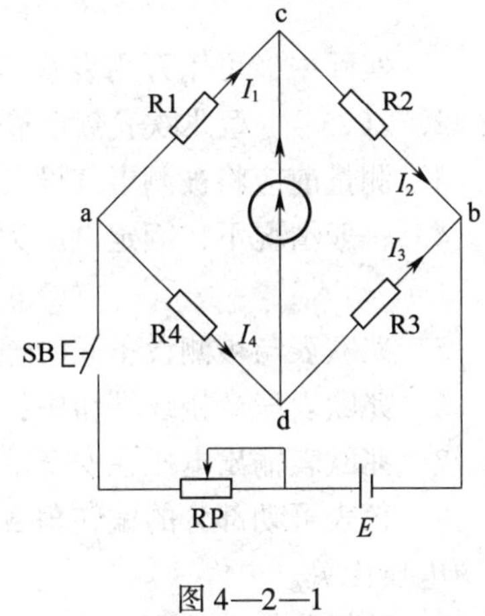

图 4—2—1

2. 简述用直流单臂电桥测量一估算值为 95 Ω 电阻的步骤。

§4—3　兆　欧　表

一、填空题

1. 由于绝缘材料在______和受潮时会发生老化，以及电气设备的污染等原因，都会

使其绝缘电阻______，从而造成电气设备漏电或______事故的发生。

2. 绝缘电阻是指用绝缘材料隔开的两部分______________的电阻。实际中，影响绝缘电阻大小的因素主要有______、______、外加电压的大小和作用时间、绝缘体表面状况等。

3. 兆欧表又称绝缘电阻表或______，主要由______________、磁电系比率表以及________组成。

4. ZC25 型兆欧表采用了手摇______发电机，内部的测量机构采用______系比率表。

5. 兆欧表在使用时应放在平稳、牢固且远离带______的导体和______强的地方，不允许设备______进行测量。

6. 测量绝缘电阻必须在______状态下进行，对含有大电容的设备，测量前应先进行______，以保证人身安全。

二、判断题

1. 实际中，可用万用表欧姆挡测量电气设备的绝缘电阻。（　　）

2. ZC25－1 型兆欧表额定输出电压为 250 V。（　　）

3. 测量前应将被测电气设备的测量处擦拭干净，以减少接触电阻。（　　）

4. 一般情况下，额定电压为 500 V 及以下的电气设备可选用 500～1 000 V 的兆欧表。（　　）

5. 兆欧表与被测设备间的连接导线应选用双股绝缘线或绞线。（　　）

6. 兆欧表三个接线端钮中，E 为接地端钮。（　　）

7. 兆欧表输出电压在安全范围时，可以用手触及被测设备的测量部分。（　　）

8. 仪表可动部分的偏转角 α 与两个线圈内所通入电流的比值有关，而与测量电路中的电源电压无关。（　　）

9. 选择兆欧表的原则是要选用准确度和灵敏度均高的兆欧表。（　　）

10. 选择仪表时，要求其灵敏度越高越好。（　　）

11. 测量电气设备的绝缘电阻时，应选用万用表的 R×10 k 挡。（　　）

三、选择题

1. 发电机上装有（　　）装置，能使转子恒速转动。

A. 离心调速　　B. 定子　　C. 转子　　D. 线圈

2. 下列关于兆欧表的说法不正确的是（　　）。

A. 兆欧表的测量机构主要构造是一个永久磁铁和两个固定线圈

B. 兆欧表内部气隙的磁场分布均匀

C. 兆欧表的标度尺与万用表的欧姆标度尺相似，都是与电流表刻度反方向的

D. 兆欧表测量后，一般指针会自动回到零位

3. 在兆欧表未接通被测电阻之前，摇动手柄使发电机达到（　　）r/min 的额定转速。

A. 60　　B. 80　　C. 100　　D. 120

4. 在用兆欧表测量电动机与金属外壳的绝缘电阻时，指针在（　　）位置表示绝缘电阻良好。

A. 0　　B. 中间　　C. ∞　　D. 无法确定

5. 绝缘电阻值随着测量时间的长短而不同，一般采用（　　）min 以后的读数为准。

A. 1　　B. 2　　C. 3　　D. 4

6. 兆欧表与被测设备之间连接的导线应选用（　　）。

A. 双股绝缘线　　B. 绞线　　C. 任意导线　　D. 单股线

四、简答题

1. 简述测量电气设备绝缘电阻的目的。

2. 测量前应如何检验兆欧表是否合格？

3. 为什么兆欧表内部气隙的磁场要做成不均匀的？

模块五　时间与频率的测量

§5—1　数字式频率计

一、填空题

1. 数字式频率计是一种用电子学方法测出______________________________，并以__________显示测量结果的测量仪表。

2. 数字式频率计的核心是__________，一般由__________________和____________________配合组成。

3. f/U 转换器的作用是将被测频率信号转换成__________，然后送入数字式电压基本表进行测量。

4. 分频器的作用是将石英晶体振荡器产生的高频信号经__________后，获得周期为______的时间基准信号，送入控制门电路。

5. HC－F1000L 的测量结果由______位 LED 数码管显示，工作电压为______。

6. 数字式频率计若显示 Err，表示测量出错，可按______按钮，如果仍然出错，则需要修理。

7. 估计被测信号的幅度时，若信号幅度大于 10 V，则将衰减器拨至______挡，以防烧坏通道电路。

8. HC－F1000L 测量前应预热______min，以保证________________稳定。

二、判断题

1. 所谓频率就是周期信号在单位时间（1 s）内的变化次数。（　　）
2. 频率测量范围主要由放大整形电路的频率响应决定。（　　）
3. 一般频率计的数码显示位数越多，分辨率越高。（　　）
4. 频率计完成一次测量所需要的时间包括准备、计数、锁存和复位时间。（　　）
5. 数字式频率计若显示 Err，表示正在预热等待阶段。（　　）
6. HC－F1000L 数字式频率计测量信号幅度大于 10 V。（　　）
7. 数字式频率计的单位选择 MHz，频率测量结果的单位实际为 kHz。（　　）
8. 数字式频率计以不同的速度重复闪动测量频率，表示出现故障，应检修。（　　）
9. 测试前，一般将数字式频率计的开关置于“外接”位置。（　　）

三、选择题

1. 在 f/U 转换器中，平均值电压 U 与 f 成（　　）关系。

A. 正比　　　B. 反比　　　C. 指数　　　D. 无法确定

2. 将由控制门电路送来的被测脉冲经分压、滤波后，可获得（　　）电压。

A. 平均值　　　B. 有效值　　　C. 瞬时值　　　D. 峰—峰值

3. 数字式频率计测量频率时，控制门开闭的时间间隔通常为（　　）。

A. 1 s　　　B. 0.5 s　　　C. 2 s　　　D. 无法确定

4. HC－F1000L 数字式频率计用于 100 MHz ~ 1 GHz 信号频率的测量时，需选取（　　）。

A. 功能键 FA　　　B. 功能键 FB　　　C. 功能键 PA　　　D. 以上都可以

5. HC－F1000L 数字式频率计的闸门指示灯亮时，表示闸门（　　）。

A. 打开　　　B. 关闭　　　C. 溢出　　　D. 故障

6. 若被测信号频率较低（低于 100 kHz）且高频噪声较大，可使用（　　）滤波器。

A. 高通　　　B. 带通　　　C. 低通　　　D. 带阻

7. HC－F1000L 数字式频率计测量时闸门开启时间为 0.01 s，则测量结果为（　　）位。

A. 6　　　B. 7　　　C. 8　　　D. 9

8. 数字式频率计电源输入端应接入（　　）。

A. 220 V ± 10% 直流　　　B. 110 V ± 10% 直流

C. 220 V ± 10% 交流　　　D. 110 V ± 10% 交流

9. 在数字式频率计中，控制门每打开一次，就完成一个测量过程，过程结束自动回到（　　）。

A. 零位　　　B. 最大位　　　C. 任意位置　　　D. 无法确定

10. 现有一幅度为 12 V、频率为 50 MHz 的信号，测量其周期时，将输入信号接至 A 通道输入端，设定功能开关在（　　）的位置。

A. FA　　　B. PA　　　C. FB　　　D. PB

四、简答题

1. 简述数字式频率计的基本组成及各部分的功能。

2．简述数字式频率计的基本工作原理。

3．简述 HC－F1000L 数字式频率计测量频率的步骤。

§5—2　扫　频　仪

一、填空题

1．在电子测量中，电子设备（或网络）输出电压随其______而变化的特性，通常称之为幅频特性。

2．BT3 型频率特性测试仪主要由______________、______________、__________三个部分组成。

3．RF 输出的大小应保证__________不失真、不饱和，同时通过检波器的信号不可大于______，以免损坏滤波器。

4．扫频仪从电源变压器的二次侧绕组取出交流______电压，分别送到示波管水平偏转板进行______，同时送到扫频振荡器进行______。

5．测试仪的工作频带为 0～300 MHz，共分三个波段：第一波段为________，第二波段为________，第三波段为________。

6．频率特性测试仪又称为________，它是利用示波器屏幕直接显示被测电子设备（或网络）幅频特性的专用示波器，是示波器功能的又一扩展。

7．仪器内部 1 MHz 和 10 MHz 频标不能满足要求时，可利用________端子接入所需要的标准信号。

8．BT3 型频率特性测试仪接通电源需预热，然后调节______和______，得到亮度适中且聚焦清晰的扫描基线。

9．信号的定性检测用______检波器比较方便，输入点串接一个小电容，以减小测试回路可能产生的______问题。

10．幅频特性曲线的测量方法有__________和__________。

二、判断题

1．扫频信号的中心频率是固定的，不可改变。（ ）

2．BT3 型频率特性测试仪频标有多种选择，测量时不需要借助外接频标信号。（ ）

3．测试谐振回路时，应尽可能做到外电路与谐振回路相耦合。（ ）

4．使用扫频仪时，输出电缆和检波探头的接地线应尽量长些。（ ）

5．测试无源滤波器时，应将 RF 扫频输出口接滤波器输入口。（ ）

6．频标波形显示在幅频特性曲线的一点上，所以不存在频率宽度。（ ）

7．BT3 型频率特性测试仪采用的是针形频标。（ ）

8．通常用 50 Hz 正弦波负峰到正峰的上升沿做返程扫描。（ ）

9．良好的扫描线性可以使幅频特性曲线频率标尺刻度均匀。（ ）

10．频率特性曲线上任何一点所对应的频率值都是由频标发生器来完成的。（ ）

三、选择题

1．下列关于 BT3 型频率特性测试仪说法不正确的是（ ）。

A．主要用来测试宽带放大器、雷达接收器的中频放大器频率特性及鉴频器特性

B．最大扫描频偏为 ±7.5 MHz

C．通过调制磁芯电感产生调频

D．扫频方式选用“全扫”，极性选择开关放在“ - ”位置

2．旋转扫频仪中心频率旋钮，频标方式选择 10 MHz 时，标记数应大于（ ）个。

A．2　　B．3　　C．4　　D．5

3．振荡频率在 100 MHz 中心频率的基础上产生 ±7.5 MHz 的频偏，那么扫描范围最大是（ ）MHz。

A．7.5　　B．15　　C．92.5　　D．107.5

4．混频后的信号经（ ）滤波后，高频信号被滤除，在零差点形成菱形频标。

A．高通　　B．低通　　C．带通　　D．带阻

5．静态频率特性测量通常采用（ ）。

A．点频法　　B．扫频法　　C．伏安法　　D．以上都是

6．谐振曲线出现“失敏”现象的原因是（ ）。

A．扫描速度太慢　　B．扫描速度太快

C. 无扫描信号　　　　　　　　D. 与扫描速度无关

7. 下列选项不属于显示部分的是（　　）。

A. 扫描信号发生器　　　　　　B. 垂直放大器

C. 示波管　　　　　　　　　　D. 扫频信号发生器

8. 调整（　　）旋钮，扫描基线应能上下移动。

A. X 轴位置　　B. Y 轴位置　　C. 幅度　　D. Y 轴增益

四、简答题

1. 简述频标信号发生器的工作原理（以 35 MHz 为例）。

2. 简述 BT3 型频率特性测试仪测试前的准备工作。

3. 简述扫频仪的使用注意事项。

模块六　测量用信号发生器

§6—1　低频信号发生器

一、填空题

1. 低频信号发生器是用来产生________________的一种电子仪器，能根据需要输出________或________。

2. 低频信号发生器由______、______、______、______和__________五部分组成。

3. 低频信号发生器的开关拨至“ON”时，电源指示灯______。

4. 调整低频信号发生器到所需的电压幅度，先通过输出衰减开关选择适当的________，再调节输出________。

5. 低频信号发生器在输出信号时，红色端钮为________，黑色端钮为________。

6. RC桥式振荡器是一种反馈式振荡器，反馈网络具有选频特性，满足振荡的两个基本条件，即______和______平衡条件。

7. 功率放大器实际上是一个______，主要是为负载提供所需要的功率。

8. ________表示在一定时间间隔内，频率准确度的变化。

二、判断题

1. 阻抗变换器用于匹配不同阻抗的负载，以便获得最大输出功率。（　　）

2. 脉冲占空比是指脉冲周期与脉冲电压宽度之比，其值小于1。（　　）

3. 信号的输出数值就是表头显示出的电压读数。（　　）

4. 低频信号发生器中要求电压放大器的输出阻抗低，有一定的负载能力。（　　）

5. 低频信号发生器用来测试或检修各种电子仪器及设备中低频放大器的频率特性、增益和通频带，也可用作高频信号发生器的外调制信号源。（　　）

6. 主振级主要产生低频正弦振荡信号，电压输出端的负载能力很弱，只能供给电压。（　　）

7. 低频信号发生器的主振级几乎都采用RC桥式振荡电路。（　　）

8. RC桥式振荡器中的电压放大器应是反相放大器。（　　）

三、选择题

1. （　　）放大主振级产生的振荡信号并将振荡器与后续电路隔离。

A. 电压放大器　B. 功率放大器　C. 输出衰减器　D. 阻抗变换器

2. 低频信号发生器一般采用连续衰减器和步级衰减器配合进行衰减，可提供（　　）

衰减倍数。

A．一级　　B．二级　　C．三级　　D．多级

3．XD2 型低频信号发生器面板的交流电压表用来指示输出（　　）电压的大小。

A．低频信号　　B．高频信号　　C．直流信号　　D．以上都是

4．调节（　　）可改变电压表表针摆动的速度。

A．电源开关　　B．阻尼开关　　C．频率调节旋钮　　D．输出衰减开关

5．开机前，应将输出细调旋钮旋至（　　）位置，防止开机时输出信号幅度过大而打弯表针。

A．最小　　B．最大　　C．中间　　D．任意

6．输出衰减开关用来调节电路对输出信号的衰减，衰减越（　　），输出信号越小。

A．大　　B．小　　C．快　　D．慢

7．要获得频率为 1 000 Hz 的正弦信号，应将频率选择开关置于 ×10 挡，频率刻度盘置于（　　）刻度点频率。

A．10 Hz　　B．100 Hz　　C．1 000 Hz　　D．任意

四、简答题

1．简述 XD2 型低频信号发生器的使用方法。

2．振荡器的输出端为什么要采用射极输出器？

§6—2　函数信号发生器

一、填空题

1. 函数信号发生器实际上是一种多波形__________，一般能产生__________、方波、________，有的还可以产生锯齿波、矩形波、正负脉冲、半正弦波等波形。

2. 脉冲式函数信号发生器变换过程可以简化为______→三角波→______。

3. 脉冲式函数信号发生器中产生方波和三角波的电路主要由双稳态触发器、________和两个__________组成。

4. 正弦式函数信号发生器主要由____________、射极跟随器、方波形成电路、______和输出级组成。

5. 三角式函数信号发生器由____________、方波形成电路、____________、输出级等部分组成。

6. 当函数信号发生器内部出现____________时，熔断器内熔丝熔断，使仪器得到保护。

7. 在使用函数信号发生器时，先操作__________按钮选择好频段，再调节频率______旋钮，就可使仪器输出本频段频率范围内的任一频率信号。

8. 脉冲式函数信号发生器产生的方波信号分两路输出，一路经输出级输出________信号，另一路送入积分电路得到________信号。

二、判断题

1. 三角式函数信号发生器是利用正、负电流源对积分电容进行充、放电的原理制成的。（　）

2. 当 kHz 指示灯亮时，表示输出信号频率以“Hz”为单位。（　）

3. VC2002 型函数信号发生器输出信号的类型“3”表示方波。（　）

4. 占空比是指一个信号周期内低电平时间与整个周期时间的比值。（　）

5. 三角波经整形网络形成的折线段数越多，电路输出波形就越接近正弦波。（　）

6. 当 V_{P-P}指示灯亮时，表示输出信号的峰—峰值幅度以“mV_{P-P}”为单位。（　）

7. 当仪器内部出现过载或短路时，熔断器内熔丝熔断，更换熔丝后可继续使用。（　）

三、选择题

1. 函数信号发生器产生信号的方法通常有（　）种。

A. 1　　B. 2　　C. 3　　D. 4

2. 电流源的电流变大，在电容器容量不变的情况下，充电充到上、下限电压所需的时间就越（　），形成的三角波周期越短，频率越高。

A. 长　　B. 短

3. VC2002 型函数信号发生器可以输出（　）种基本函数信号。

A. 2　　　　B. 3　　　　C. 4　　　　D. 5

4. 三角式函数信号发生器是先产生（　　）。

A. 三角波　　　　B. 正弦波　　　　C. 方波　　　　D. 随机波形

5. 方波形成电路通常由双稳态电路组成，它输出两路信号，一路送输出级放大后输出标准方波信号，另一路送积分电路变换为（　　）。

A. 三角波　　　　B. 正弦波　　　　C. 方波　　　　D. 随机波形

6. 当仪器出现显示错误或死机时，按下（　　）键，使仪器复位。

A. 电源转换　　　　B. 复位　　　　C. 确定　　　　D. 信号选择

7. 将三角波变成正弦波的函数变换网络是利用（　　）来实现波形变换的。

A. 调幅　　　　B. 调频　　　　C. 调相　　　　D. 分段逼近法

8. 图6—2—1所示为（　　）函数信号发生器的原理方框图。

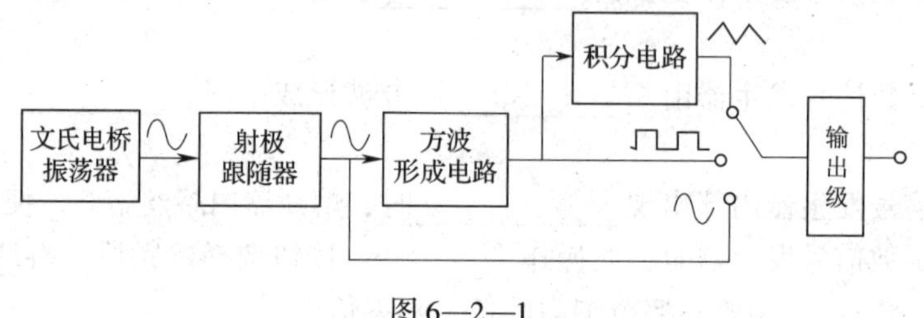

图6—2—1

A. 脉冲式　　　　B. 正弦式　　　　C. 三角式　　　　D. 文式

9. VC2002型函数信号发生器频段选择显示频段为“5”时，频率范围为（　　）。

A. 200 Hz ~ 2 kHz　　　　B. 2 ~ 20 kHz

C. 20 ~ 200 kHz　　　　D. 20 kHz ~ 2 MHz

10. 下列关于VC2002型函数信号发生器说法错误的是（　　）。

A. 频率显示屏最高位显示的波形类型代码中，1为正弦波，2为方波，3为三角波

B. 输出正弦波的频率和幅度都可以连续调节

C. 110 V/220 V电源转换开关的功能是使仪器在110 V或220 V两种交流电源供电时都能正常使用

D. 频率调节旋钮可调节输出信号的频率和幅度

四、简答题

1. 简述VC2002型函数信号发生器的使用方法。

2. 简述 VC2002 型函数信号发生器的使用注意事项。

3. 简述正弦式函数信号发生器的工作过程。

模块七　示波器与晶体管特性图示仪

§7—1　通用示波器

一、填空题

1. 通用示波器主要由________、Y 轴偏转系统、X 轴偏转系统、________________和______组成。

2. ________是示波器的核心，其作用是把所需观测的电信号变换成发光的图形。

3. 电子枪由______、阴极、________、第一阳极和第二阳极组成。

4. 常见的静电偏转系统包括___________和___________，靠近电子枪上下放置的一对叫______偏转板，离电子枪较远且水平放置的一对叫______偏转板。

5. 电子束从电子枪中发射出来后，受到________电压的吸引，经偏转系统向荧光屏方向加速前进。

6. 用带宽为 100 MHz 的示波器测量输出为 1 V_{P-P}的 100 MHz 稳幅正弦信号源波形（将垂直偏转因数置于 100 mV/Div)，其荧光屏上的垂直高度应显示________Div；如果信号源输出幅度为 0.1 V 有效值，则示波器屏幕垂直高度应显示________Div。

7. 脉冲周期是两个相邻脉冲重复出现的________时间，周期的________即为脉冲重复频率。

二、判断题

1. 可以通过调节示波器面板上的时间因数旋钮和扫描微调旋钮来调节扫描电压的频率。（　　）

2. 如果锯齿波扫描电压周期是被测信号周期的整数倍，荧光屏上就会稳定地显示出若干个被测信号的波形。（　　）

3. 示波管中的偏转系统分为磁电偏转和电磁偏转两种。（　　）

4. 示波器扫描时间因数越大，扫描光点移动速度越慢。（　　）

5. 示波器垂直偏转因数越大，对输入信号的衰减越小。（　　）

6. 如果在 Y 偏转板上加一直流电压，则在两块 Y 偏转板之间就会产生一个由下向上的电场。（　　）

7. 调节控制栅极负电压的高低，可以改变荧光屏上光点的亮度。（　　）

8. 电子示波器是时域分析的最典型仪器。（　　）

9. 用示波器测量电压时，只需要测出 Y 轴方向的距离并读出灵敏度即可。（　　）

三、选择题

1．（　　）吸引由阴极发射来的电子，使之加速聚焦。

A．控制栅极　　B．第一阳极和第二阳极

C．偏转系统　　D．阴极

2．（　　）可以产生频率可调的锯齿波电压。

A．示波管　　B．Y 轴偏转系统　　C．X 轴偏转系统　　D．扫描系统

3．荧光屏上电子数量越多、速度越快，产生的光点越（　　）。

A．小　　B．大　　C．亮　　D．暗

4．当电子束向荧光屏方向加速运动穿过该电场时，受到电场力的作用产生向下的偏转，如果所加偏转电压的极性改变，则电子束将向（　　）偏转。

A．上　　B．下　　C．左　　D．右

5．由扫描发生器送来的扫描信号经 X 轴放大后送到 X 偏转板，以控制电子束在（　　）方向的运动。

A．水平　　B．垂直　　C．斜向下　　D．斜向上

6．检定示波器内部噪声时，应将被检示波器的输入端（　　）。

A．开路　　B．短路　　C．开路并屏蔽　　D．短路并屏蔽

7．通用示波器的漂移检查应当在（　　）立即开始。

A．一开机时　　B．光点基本稳定后

C．经过规定的预热时间后　　D．检定完示波器的其他项目后

8．在示波器垂直输入端附近的面板上通常标有一个电压值，例如，400 V 表示该输入端可以输入的最大（　　）电压为 400 V。

A．直流　　B．交流有效值　　C．交流峰值　　D．直流加交流峰值

9．为使扫描线性良好，在一个周期内扫描输出电压随时间变化而增加的速度是一个（　　）的量。

A．均匀变化　　B．线性变化　　C．线性上升　　D．恒定不变

四、简答题

1．简述电子枪的组成及各部分的作用。

2．当示波器 Y 轴输入交变电压时，荧光屏上只出现一条垂直亮线，此时应调节哪几个旋钮？

五、作图题

补全图 7—1—1 所示的波形显示原理图。

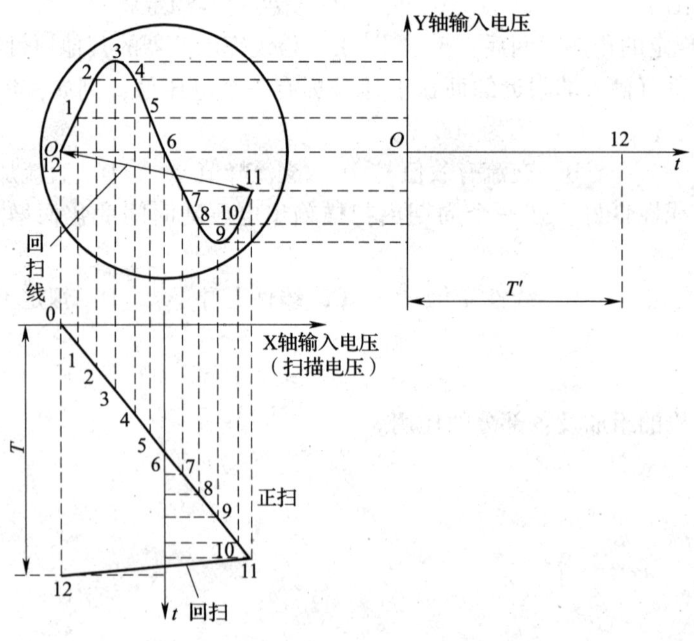

图 7—1—1

§7—2　双踪示波器

一、填空题

1. 双踪示波器主要由＿＿＿＿＿＿、X 轴偏转系统、触发和＿＿＿＿＿、＿＿＿及示波管等组成，其中＿＿＿是整个示波器的核心。

2. 被测信号经 Y 轴放大器放大后还要送出一路内触发信号，该信号经＿＿＿＿＿＿和触发整形放大器放大后，触发＿＿＿＿产生锯齿波扫描信号。

3. 触发放大器的作用是引入一个幅度可调的＿＿＿，来控制＿＿＿＿与被测信号电压保持同步，使屏幕上显示出稳定的波形。

4. 标准信号的作用是可以用来测量被测信号电压的＿＿＿＿，或者用来校准＿＿＿＿。

5. 示波器扫描时间因数是指光点在 X 轴方向移动＿＿＿＿＿所需的时间，用＿＿＿＿表示。

6. 使用示波器之前必须检查＿＿＿＿＿＿是否与示波器要求的电源电压一致。

7. 使用双踪示波器测量时，必须注意将＿＿＿＿＿＿＿＿＿和＿＿＿＿＿＿＿＿＿＿旋至“＿＿＿”位置。

二、判断题

1. 当示波器处于“断续”状态时，电子开关受扫描信号的控制，产生固定频率为 250 kHz 的方波信号。（　　）

2. 调节辉度旋钮可以使扫描线清晰。（　　）

3. 通常把 V/Div 衰减器开关从 5 mV/Div ~5 V/Div 共分为五挡。（　　）

4. 校准信号发生器用来产生频率为 1 kHz、幅度为 0.5 V_{P-P}的标准正弦电压。（　　）

5. 示波器水平扫描线与水平刻度线不平行时，需要调节辉度旋钮。（　　）

6. 将示波器“AC－GND－DC”开关置于“DC”位置，校准波形将显示在屏幕上。（　　）

7. 示波器在使用时，应当在一开机时立即开始观测波形。（　　）

8. 示波器上观察到的波形不断向右移动，说明扫描频率偏低。（　　）

三、选择题

1. 在对示波器进行多踪干扰检查时，应将被检示波器 Y 轴功能开关置于（　　）位置。

A. A＋B　　B. A　　C. B　　D. 交替

2. 电子开关（Y 工作方式）有（　　）种工作状态。

A. 2　　B. 3　　C. 4　　D. 5

3. 触发方式开关由（　　）个按键开关组成。

A. 1　　B. 2　　C. 3　　D. 4

4. 示波器已正常显示出波形，将 T/Div 旋钮从 0.5 ms 位置移到 0.1 ms 位置，屏幕上显示的波形将（　　）。

A. 增多　　B. 减少　　C. 不变　　D. 无法确定

5. 当示波器屏幕上出现一竖直亮线，可能是（　　）输入端无信号输入。

A. X　　B. Y　　C. DC　　D. AC

6. 示波器输入电压不可超过（　　）V。

A. 220　　B. 400　　C. 500　　D. 800

四、简答题

1. 在示波器上看不到亮点和扫描线，可能的原因有哪些？应怎样调节？

2. 简述用示波器测量正弦交流电的峰值、有效值和频率的方法，以及测量直流电压的方法。

五、计算题

用垂直偏转因数为 200 mV/Div 的 100 MHz 示波器观察频率为 100 MHz 的正弦波信号，测得有效值为 500 mV 及峰—峰值为 1 V 时，荧光屏应分别显示多少格？

§7—3 晶体管特性图示仪

一、填空题

1. 晶体管特性图示仪是一种能够________________________________的专用测试仪器，通过屏幕上的标度尺可以直接读出____________。

2. 晶体管特性图示仪由________________________、__________________________、________________、________________、________等部分组成。

3. ________________、________________、________________三个旋钮在使用时应特别注意，若使用不当会损坏被测晶体管。

4. 晶体管的输出特性是指当基极电流 I_B 为某一定值时，__________________________之间的关系。

5. 晶体二极管的基本特性测试是指正向特性的测试和____________。

6. 基极电压从（0.05～1）V/Div 共分为______挡，用于选择基极阶梯信号的______大小。

二、判断题

1. 用晶体管特性图示仪测量共发射极晶体管特性曲线时，NPN 型用“+”极性。（　）

2. 观察被测晶体管特性曲线簇时，重复开关应置于“重复”位置。（　）

3. 晶体管特性图示仪中串联电阻的作用是将基极输入电压的变化转变为电流的变化。（　）

4. 用晶体管特性图示仪测试 MOS 型场效应管时，应避免其栅极悬空。（　）

5. 晶体管特性图示仪对测量晶体管高频参数有明显效果。（　）

6. X 轴增益和 X 轴位移有相同的作用。（　）

7. 分别按下 XJ4810 型晶体管特性图示仪测试台的“左”和“右”按钮时，左、右两个被测管可以同时观测。（　）

8. 使用晶体管特性图示仪前，可按下“零电流”按钮进行阶梯信号的零位校准。（　）

9. 使用晶体管特性图示仪时，若需由低挡改换为高挡，不需要将峰值电压调至零后再换挡。（　）

三、选择题

1. 功耗限制电阻串联在被测晶体管的（　　）回路中。

A. 基极　　B. 集电极　　C. 发射极　　D. 以上都可以

2. 按下（　　）开关时，可进行阶梯信号的零位校准。

A. 测试选择　　B. 零电压　　C. 零电流　　D. 两簇

3. 用晶体管特性图示仪测量晶体管的极限参数和过载参数时，应采用（　　）簇阶梯信号。

A. 单　　B. 两　　C. 复合　　D. 任意

4. 晶体管特性图示仪的显示开关拨到（　　）位置时，可用来测试不同的管型。

A. 转换　　B. 接地　　C. 校准　　D. 任意

5. 用晶体管特性图示仪测量集电极峰值电压时，应将峰值电压调至（　　）位置后再换挡。

A. 零　　B. 最大　　C. 中间　　D. 任意

6. 晶体管特性图示仪 X 轴选择开关基极电流或基极源电压可选挡位有（　　）挡。

A. 1　　B. 2　　C. 3　　D. 4

7. 下列关于功耗限制电阻说法错误的是（　　）。

A. 它并联在被测晶体管的集电极回路中

B. 限制集电极功耗

C. 保护被测晶体管

D. 可作为集电极负载电阻

8. 由于集电极电流输出端对地有各种杂散电容存在，会形成电容性电流，测试前应调节电容平衡，使容性电流（　　）。

A. 最大　　B. 最小

9. 下列关于晶体管特性图示仪 X 轴的作用说法错误的是（　　）。

A. 集电极电压从（0.05 ~50）V/Div 分为 5 挡

B. 基极电流或基极源电压由阶梯取样电阻分压，经放大器取得基极电流偏转值，只有 1 挡

C. X 轴增益用于连续调节水平幅度

D. X 轴位移用于图形水平方向移动

10. 下列关于晶体管特性图示仪 Y 轴的作用说法错误的是（　　）。

A. 集电极电流通过取样电阻后，经 Y 轴放大器放大而获得基极电流的偏转值

B. Y 轴增益用于连续调节垂直幅度

C. Y 轴位移用于图形垂直方向移动

D. Y 轴选择开关具有 22 挡，用于选择不同的水平偏转灵敏度

11. 下列关于晶体管特性图示仪的使用方法正确排序的是（　　）。

①调节辉度、聚焦、辅助聚焦旋钮，使屏幕上显示清晰的光点或线条

②根据被测晶体管的特性和测试条件的要求，把 X 轴作用、Y 轴作用、阶梯信号各部分开关及旋钮都调到相应的位置上

③进行基极阶梯信号调零

④开启电源开关，指示灯亮，预热 5 min

A. ④①②③　　B. ①②③④　　C. ④①③②　　D. ①④②③

四、简答题

1. XJ4810 型晶体管特性图示仪在测试前的准备工作都有哪些？

2. 简述 XJ4810 型晶体管特性图示仪测试台的组成及各部分的作用。

3. 阶梯信号的零电位应如何准确校正？

模块八 智能仪器

一、填空题

1. 智能仪器是计算机技术与电子测量仪器紧密结合的产物，是内含______或________，能够__________________________________的测量仪器，并具有对测量数据进行______、______、____________、______________________等功能。

2. 智能仪器实际上是一个专用的_________系统，它由______和______两大部分组成。

3. 独立式智能仪器简称智能仪器，即自身带有________和______的能独立进行测试工作的电子仪器。

4. 自动测试系统是将一台计算机与多台带有标准仪器总线接口的智能仪器组合而成的仪器系统，计算机作为仪器系统的_________，通过执行_________，实现对测量全过程的________与____________________。

二、简答题

1. 与传统仪器仪表相比，智能仪器具有哪些功能和特点？

2. 自动测试系统包括哪几个部分？